写真でつづる
LIFE OF
アマミノクロウサギの
PENTALAGUS FURNESSI
暮らしぶり

写真・文
勝 廣光

この本を手にする人は、なんて幸せなんだろう

奄美自然環境研究会会長　常田　守

　今回勝廣光氏のこの本によって、多くのアマミノクロウサギの生態が明らかになった。人類の知らない彼らの生活が一つひとつ写真に収められ、この本で見ることが出来る。

　何と幸せなことだろう、そして、勝氏に「ありがとう」と感謝の言葉と、「お疲れさま」とねぎらいの言葉を、心の底から献じたい。本を読む一般の人だけでなく、我々フイールドワークを行う者達にとっても大きなバイブルとなる本である。知らなかったアマミノクロウサギの生態の一つひとつが新鮮で、私も見たい、知りたい、撮りたい、とこれからのフイールドワークの励みになる。

　世界自然遺産登録を前に多くの人がこの島に来島しているが、ぜひ一冊手にとってこの島の自然の豊かさやすばらしさ、奥深さを知ってほしい。また、アマミノクロウサギの生態だけでなく、勝廣光氏の長年のひたむきな努力を、あらためて知ってほしい。昼に夜にとフイールドに出かける勝氏に感謝である。言葉だけではなく心からそう思っている。

　フイールドワークは楽しいことだけでなく、危険なことや辛いことも日常茶飯事である。私は一度、勝氏の崖地のフイールドに同行させてもらったことがある。そこは100メートルもあるような断崖絶壁であった。そこに通い続けて、無人カメラで撮影を続ける勝氏の根性を知ったとき、私自身敬服の言葉しかなく、同時に事故のないことを祈った。

　この本には、その場所で撮影したカットも多く見ることが出来る。カメラのセット、カードと電池の交換と、長年にわたり撮影を続けた勝氏に敬服するしかない。「お疲れさま」と一言では言えない気持ちでいっぱいである。同時に近年勝氏に同行されている禮子夫人にも感謝、感謝である。これからも事故やハブに気を付けて、お二人でのフイールドワークで奄美大島の自然の豊かさや謎を明らかにしてください。

　勝さん、あらためてアマミノクロウサギの本の出版おめでとうございます。

と同時に、何度も繰り返すが、本当に感謝、感謝である。

　この本を手にする人は、なんて幸せなんだろう。

≪解説≫

　奄美大島の属する南西諸島は、九州の南端から台湾までの約1200kmの洋上に弧状に連なり、北から大隅諸島、トカラ列島、奄美諸島、沖縄諸島、宮古諸島、八重山諸島と大小200近い島々で構成されている。

　奄美大島は島全体が古生代の地層で構成され、島の85％が森林または原野に覆われ山の多い島である。海岸線は複雑なリアス式海岸が続き、山稜が海岸線近くまで迫って、一気に海中に落ち込んでいる。また、険しい海蝕断崖も各地で見られる。

　島の西方約160km付近には黒潮の本流があり、南西諸島に平行して北東に流れ、島の気候や自然に大きな影響を与えている。

　奄美大島を始めとする南西諸島の生物相を考えるとき、島々の気候や地理的位置などの自然環境だけではなく、島の成り立ちを抜きにしては語ることは出来ない。

　今から1000万年前、奄美大島は大陸の一部であり、アマミノクロウサギの祖先などはこのころに大陸からやって来たと考えられている。その後、500万年前に大陸と離れてしまうが、200万年前には陸続きになり動物の移動もあり、その後も気候や地殻の変動は続き、約100万年前には南西諸島は完全に大陸と離れ、生き物たちは南西諸島の島々に隔離されてしまった。

　その後も海面の変動はあったものの奄美大島や沖縄島は再び大陸とつながることはなかったため、肉食動物の祖先は沖縄島まで到達しなかった。奄美大島や沖縄島を取り囲む海が、アマミノクロウサギやルリカケスをはじめとする、島に生息する多くの生き物たちを肉食獣から守る役割をはたしたのだ。そのため島の生き物たちは、大陸から渡って来たときの特徴を保ちながら、それぞれの島で独自の進化を遂げ、現在の島嶼分布を作り上げた。

（『水が育む島　奄美大島』常田守、2001、より）

はじめに

　アマミノクロウサギの棲む照葉樹の森へ「ようこそ」と迎えてくれるのが、固有種のルリカケス。
　はるか昔、奄美諸島が大陸と切り離されて以降、この島の生き物たちは独自の進化をとげ、多様化してきました。そして今、独自の生態系と、多様で特異な生き物たちが作り上げる風景があります。
　太古の昔から、この島に適応して生き抜いた数々の生き物たちの中から、特に、アマミノクロウサギの暮らしぶりに焦点を当てます。時に短く、鋭い、口笛でも吹いたような不思議な鳴き声を発するアマミノクロウサギ。どこで、どのように暮らしているのか。他の生き物たちと、どう関わっているのか。未知の部分の多い夜行性動物、アマミノクロウサギの生態に迫ります。

アマミエビネ［ラン科］とルリカケス［カラス科］（両種とも奄美大島固有種）

CONTENTS もくじ

プロローグ	P 8
アマミノクロウサギに双子誕生	P16
アマミノクロウサギを育む森	P46
アマミノクロウサギの親子	P50
アマミノクロウサギの採食	P58
アマミノクロウサギを育む森	P72
アマミノクロウサギの土穴での繁殖	P76
アマミノクロウサギの暮らしぶり	P80

写真はアマミノクロウサギの親子

プロローグ

アマミノクロウサギ

アマミノクロウサギ属
pentalagus furnessi

分布：奄美大島、徳之島。固有種。国指定特別天然記念物
体長：40〜50cm
体重：1.5〜2.7kg

4脚が短く、爪が発達し土穴など掘るのに適している。主に夜行性。体色は焦茶色。眼と耳介は小さい。食性は植物食で草本、樹皮、イタジイ等の果実。

アマミノクロウサギの双子の兄弟。

アマミノクロウサギの双子の両親。

照葉樹の森

イタジイ［ブナ科］の根元の林床に白い花を咲かせるアマミエビネ［ラン科］固有種。

プロローグ

イタジイの幹に穴を空けて巣作り、営巣中のオオストンオオアカゲラ［キツツキ科］。雛に餌を運んできた頭部の赤い雄。固有亜種。全長28cm。食性は昆虫や果実など。

イタジイ［ブナ科］の堅果。椎の実とよばれる。実の長さ1.5cm内外。殻斗に包まれ、成長した堅果は、熟すると殻斗の頭部が3裂し、露出落下する。

照葉樹の森

谷川の新緑。春、常緑樹は新しい葉と入れ替わりに古い葉を落とす。新緑の季節は落ち葉の季節でもある。

プロローグ

季節は秋。イタジイの根元で採食中のアマミノクロウサギ・雄。

新緑の季節、イタジイは開花期を迎える。花は、独特な香りを辺りに放つ。

秋の林床に落下したイタジイの堅果「椎の実」は、渋みが少なく生食できる。昔、食糧の不足していた頃、人々は先を争って椎の実拾いに山に入った。秋、繁殖期を迎える森の動物にとっても大切な栄養源でもある。

照葉樹の森

イタジイの幹にできた樹洞。ケナガネズミが樹洞の中に葉のついた小枝を敷き、巣穴として使うこともある。

樹の根元のあたりの大きい樹洞は、休息用にアマミノクロウサギが利用することもある。

プロローグ

樹洞に飛来したルリカケス。頭部から頸部にかけて、羽が瑠璃色で嘴が象牙色。全長38cm。食性は昆虫や果実など雑食性。樹洞で営巣することもある。

樹洞に採食に来た天然記念物のアカヒゲ［ヒタキ科］。全長14cm。上面の翼が橙色、体下面が灰色。樹洞に枯葉など敷き、椀状の巣を作る。食性は木の実、昆虫類、ミミズ等。

夜中の樹洞に現れた天然記念物で固有種のケナガネズミ［ネズミ科］。体長20〜30cm、尾の長さ25〜37cmと長く、尾の先が白いのが特徴。体色は黄褐色で背中に5〜7cmの剛毛がある。国内最大のネズミ。夜行性で主に樹上性。食性は雑食。

アマミノクロウサギに双子誕生

主に夜行性のアマミノクロウサギ。生まれた繁殖巣穴の前で、母ウサギが来るのをお腹をすかし待ちわびていた。子ウサギ（右）。

繁殖巣穴で子ウサギが誕生すると、約20日間は母ウサギが繁殖巣穴に潜り込んで授乳する。その後は、巣穴の入り口で授乳する。いずれも授乳を終えると、母ウサギは外から入り口を土で塞ぐ。約40日たつと、授乳後に閉じていた繁殖巣穴の入り口を開けたままにする。

それまで、ほぼ決まった深夜の2日に1回の授乳で育ってきたが、成長するにつれ、母ウサギがやってくる時間まで待てない子ウサギは、仕方なく、恐る恐る採食に外出することになる。この外出が自立の第一歩になる。

生後45日

あたりが暗くなると繁殖巣穴から少し出てみる。外に出たものの、不安でいっぱいの双子の子ウサギ。

アマミノクロウサギに双子誕生

子ウサギが繁殖巣穴から出ても、すぐそこに母ウサギが待っていることはまずない。時間をおいて現れた母ウサギが、外出を促す。

生後 50 日

繁殖巣穴から日没前に出た双子の子ウサギ。巣穴の出入り口の大きさは 8 × 10㎝ くらいなので、出るときはやっと這い出て来る感じ。この時は、いつもじゃれて相方の背に乗りたがる子と、落ち着いた行動の子と、2子の個性も感じられた。

アマミノクロウサギに双子誕生

辺りが暗くなり斜面の繁殖巣穴から出たものの、さらに先に行く決心がつかず、鼻先で先に行けとつつくが、いやいやと巣穴に入ったり出たりの繰り返し。

生後55日

繁殖巣穴を出て両親について行き、樹木下の落ち葉などが堆積した所へ。見るもの全てが初めての双子の兄弟。両親の落ち葉を食べる姿をまねてモグモグするが、まだまだ、採食の様子には見えない。双子兄弟のじゃれ合い。辺り構わず動き回るのを、父ウサギも心配そうに見守る。

アマミノクロウサギに双子誕生

この時期、母ウサギは乳ねだりされることが多く、しかし頻繁に授乳することは出来ない。母ウサギが拒否しその場を離れると、父ウサギが近づき子ウサギをなだめることもしばしばある。父ウサギの役目も子育ての段階では大きい。

生後60日（朝）

繁殖巣穴から外出を始めて20日（生後60日）過ぎの朝。アマミノクロウサギは主に夜行性の動物で、日が暮れる頃に巣穴から出て活動し、夜明け前に巣穴に戻り休息する。アマミノクロウサギにとって、身を守る一番の術は穴に隠れることなので、今日もこの繁殖巣穴で大丈夫だろうか、巣穴に入るか入るまいかと迷う双子のアマミノクロウサギ。
アマミノクロウサギは、生れた時の繁殖巣穴から生活巣穴に変わっても、母親が一緒に同じ巣穴で過ごすことはほとんどなく成長していく。

アマミノクロウサギに双子誕生

双子兄弟のじゃれ合い。

生後65日

外出25日目(生後65日)。双子兄弟の動作にも余裕が感じられ、辺りの様子を伺い、危険察知も早くなった。

斜面の繁殖巣穴に留鳥のルリカケスが興味深々。

子ウサギの成長につれて繁殖巣穴の入り口も狭くなると、丈夫な爪で掻き広げる。留鳥のオオトラツグミ[ツグミ科]もミミズ探しのついでに覗く。

アマミノクロウサギに双子誕生

狭い繁殖巣穴から出て、出掛ける前の準備体操。

ゴムまりのような子ウサギの毛並。これから少しずつ抜け替わっていく。

生後72日

両親と一緒の採食。双子の子ウサギも個性的になり、それぞれに好みの餌さがすなど、少しずつ別行動とるようになる。別行動でも、お互いの鳴き声の届く範囲くらいと思われる。父ウサギの出番は、子ウサギの外出し始めから始まる。この時期、子ウサギとの接触は多い。

アマミノクロウサギに双子誕生

母ウサギ（左）と父ウサギ（右）。

両親に見守られながらの採食。双子ウサギの採食は別々の行動が多くなる。

生後 80 日

留鳥のアカヒゲが木の実をついばむ。

残り物の木の実を子ウサギが食べる。

アマミノクロウサギに双子誕生

双子兄弟の採食。お互いに少し間隔をとりながら採食するものの、
時おりピシーピシーと鳴き声を発し、相手の存在を確認する。

生後95日 雨の日の採食

雨の日、大きい葉の植物ムサシアブミ［サトイモ科］の葉陰で採食中の親子。右が子ウサギ。

アマミノクロウサギに双子誕生

採食中の両親。

母ウサギと一緒に採食しながら、やはり乳が欲しいと母ウサギのお腹にもぐり、乳ねだりをする子ウサギ。

生後115日

母ウサギと双子兄弟の採食。生後約115日目。まだ繁殖巣穴から巣立ち出来ない双子の兄弟。餌場で母ウサギと一緒になり、落ち葉の堆積した中から好みの落ち葉や木の実、落花などを食べる。

アマミノクロウサギに双子誕生

餌場で一緒に採食しながらでも、どちらかがすぐに乳ねだりをする子ウサギだが、その度に授乳とはいかない。

子ウサギの採食している目前に現れたアマミトゲネズミ。森の仲間の出現に興味深々。

アマミトゲネズミ［ネズミ科］
奄美大島固有。天然記念物。食性は雑食。頭胴長 10 〜 15cm。背中に針状の毛がある。

アマミノクロウサギに双子誕生

子ウサギの活発な活動。

落ち葉の堆積した所は、夜はクロウサギの採食場。昼間は、ルリカケスの採食場になる。

生後130日

双子の兄弟、生後130日過ぎ。繁殖巣穴を中心にしていた生活が、次第に数カ所ある生活巣穴に休息場所を変えつつある。

アマミノクロウサギに双子誕生

双子の兄弟の一子。どちらが兄か弟か、雌か雄かも、まだ外見では分からない。

生後 160 日

大きいタブノキ［クスノキ科］の根元で、採食中の母ウサギに走り寄る子ウサギ。乳ねだりの行動はまだまだ続く。子ウサギが生まれるのは春と秋が多く、約40日後の繁殖巣穴からの巣立ちの頃は、秋の実りや新芽、新緑の季節が多い。これは、子ウサギの餌に関係していると思われる。

アマミノクロウサギに双子誕生

森の動物が移動のためによく通る道を、獣道と呼ぶ。春の獣道は落ち葉が堆積し、その下に潜むミミズも多いと見えて、アマミヤマシギ（上）やルリカケスも採食に訪れる。

生後 165 日

雨の日の採食。この頃になると子ウサギの行動範囲も広まり、毎日の行動も同じように見えても実際はかなり違いが見られる。用心深い行動もある半面、したたかなところもある。子ウサギも、暴風雨時以外は採食に出かける。

アマミノクロウサギに双子誕生

生後180日

生後約180日の双子の子ウサギの一子。兄弟でも別行動をすることが多くなり、兄弟揃うことは少なくなった。右ページの母ウサギ（推定6歳）と外見で比較しても子ウサギの成長の速さに驚かされる。

アマミノクロウサギに双子誕生

母ウサギ。

渓流

アカヒゲ・雄。

渓流沿いの岩場で。アマミトゲネズミ。

渓流に咲くケラマツツジ［ツツジ科］。

アマミノクロウサギを育む森 🌲🌲🌲

神屋タンギョの滝。

グスクカンアオイ［ウマノスズクサ科］。花はツボ状トックリ型。固有種。

ルリカケス。

渓流

固有種フジノカンアオイ［ウマノスズクサ科］が咲く渓流沿いで、採食するアマミノクロウサギ。

アマミアワゴケ［アカネ科］。渓流沿いの岩場に自生し、茎は細く這い、花冠は4裂する。1995年、奄美大島で発見された固有種。

アツイタ［ツルキジノオ科］。岩上や樹幹に生えるシダ植物。

アマミノクロウサギを育む森

谷川沿いに咲くフジノカンアオイ［ウマノスズクサ科］。固有種。

固有種アマミカタバミ［カタバミ科］の小さい黄色の花、径4mmのそばにアマミノクロウサギの糞塊。糞の径は10mm。

こちらは、固有種アマミスミレ［スミレ科］の根元にアマミノクロウサギの糞塊。

アマミノクロウサギの親子

イタジイ［ブナ科］常緑高木。

アマミノクロウサギ。先に生まれた2歳雄。

この子ウサギは、生後約160日。双子の兄弟の兄にあたる。1子で生まれた。繁殖巣穴から巣立ちして生活巣穴での暮らしが始まると、父ウサギの出番。育児には母ウサギだけが関わってると思われがちだが実はそうではない。子ウサギが頻繁に求める乳ねだりに耐えられなくて、母ウサギが子ウサギから離れることもしばしばある。そんなときには、父ウサギが近寄り面倒を見る。この時期、どちらかと言うと父ウサギの方が、子ウサギに接している時間は長いと思われる。

アマミノクロウサギの親子

父ウサギ(右)にじゃれつき、甘える子ウサギ。

左が生後160日の子ウサギ。中央は父ウサギ。右は母ウサギ。子ウサギは繁殖巣穴から巣立ちし、数カ所ある生活巣穴で暮らすが、母親と一緒ではない。両親とも子ウサギの巣外の行動には寛大で、親が採食中の所に子ウサギが割り込んで来ても、仕方ないと場所を譲ることがしばしばある。

アマミノクロウサギの親子

生後160日の子ウサギ・雄。

生後490日（1年4カ月）の子ウサギ・手前。親子の採食。

アマミノクロウサギの親子

母ウサギと子ウサギ。生後430日（1年2カ月）。

急斜面を下る子ウサギ。生後360日（1年）。

アマミノクロウサギの採食

ハマイヌビワ[クワ科]。低地に生える雌雄異株の常緑高木。

アマミノクロウサギは草食動物。木の実、木の葉、樹皮などを主に食べる。

斜面にせり出した樹根に渡り、臭い嗅ぎの後、樹株を飛び越えた。身軽な身のこなしだ。

臭い付け。

臭い嗅ぎ。

低地に生える常緑高木アコウ［クワ科］の根元で、辺りに注意を払いながら口はモグモグするアマミノクロウサギ・若雄。

採食。

アマミノクロウサギの採食

オオトラツグミ［ツグミ科］の採食。固有種。トラツグミの亜種、全長 30㎝。
落ち葉の下のミミズなど好んで食べる。クロウサギの採食場所にもよく現れ、落ち葉などが堆積した所で、首をかしげる格好をしながら餌の動きを待ちかまえる。

大木の根元にできた夜の水溜まりに現れたケナガネズミの親子。灰色が幼獣。長い尻尾の先が白いのが特徴。

昼間の水溜まりにルリカケスの番(つがい)も現れた。採食したり水浴びしたり。

アマミノクロウサギの採食

採食中のアマミノクロウサギの横にアマミトゲネズミが現れた。ウサギの食べ残し狙いか。

毎日の時間は決まってないが、自分の縄張り内の見回りをする雄ウサギ。

水飲みに来たアカヒゲ・雌。

コクテンギの根の露出した部分をかじり食された後。アマミノクロウサギは穴を掘るのが得意な割には、植物の根を掘り起こして食べることはない。根でも地上に露出した部分だけを食べる。

アマミノクロウサギの採食

コクテンギ［ニシキギ科］。海岸に多い常緑低木。この樹は
アマミノクロウサギの好物で、葉や樹皮をよく食べる。

コクテンギの根元で樹皮をかじり採食。

コクテンギの折れた小枝の樹皮をかじり
食する雄ウサギ。

生息地に咲く珍しいヤマコンニャク［サトイモ科］の花。

コクテンギ。

ヤマコンニャクの葉陰で採食中のアマミノクロウサギ。

アマミノクロウサギの採食

コクテンギの根元での採食。

コクテンギの根をかじる。

コクテンギの根。アマミノクロウサギにかじられた跡は黒くなるが、また樹皮は再生する。

雨の日

採食中の雄ウサギのところに雌ウサギが現れる。番のアマミノクロウサギ。

雄ウサギの採食。

アマミノクロウサギの採食

びしょ濡れになりながら、ルリカケスの番(つがい)の採食。

谷川沿いに赤い幹のシマサルスベリ［ミソハギ科］。

台風通過

台風の強風で落ち葉も若葉も吹き溜まりに堆積し、それをかき分けて餌を探すルリカケスの番(つがい)。

台風通過後は、木の葉、木の実が落下する。生活巣穴の近くで採食する番(つがい)のアマミノクロウサギ。

アマミノクロウサギの採食

台風の暴風雨の中での採食。アマミノクロウサギ・雌。

谷川沿いにシマオオタニワタリ。樹幹や岩上に着生するシダ植物。

林床に咲く

タカクマソウ［ホンゴウソウ科］。赤紫色の菌従属栄養植物。樹林下の湿潤な場所に生育する。高さ5〜7cm。

サクライソウ［サクライソウ科］。菌従属栄養植物。葉緑体を持たない。淡黄色で樹林下の林床に生育。高さ10〜20cm。

アマミノクロウサギを育む森 🌲🌲🌲

アワムヨウラン［ラン科］。淡黄白色の菌従属栄養植物。葉緑体を持たない。樹林下の林床に生える。茎は針金状で、高さ 30 〜 50cm。

渓谷

アマミデンダ［オシダ科］。固有種。渓流沿いの湿った岩上に生える。葉型が特徴的。デンダはシダの古い呼び名。長さ3〜5cm。

アマミノクロウサギを育む森 🌲🌲

アマミチャルメルソウ
の花。高さ8㎝。

2011年に半世紀ぶりにユキノシタ科の新
種、アマミチャルメルソウが発見された
渓谷。

滝の水しぶきのかかる
岩上に生える。

アマミノクロウサギの土穴での繁殖

授乳

授乳中。母親が繁殖巣穴を開けると、お腹をすかした子ウサギは、這い出て母親の胸に潜り授乳を受ける。授乳の時間はわずか3分たらずと短い。

塞いであった繁殖巣穴の入り口を開ける。授乳に訪れたアマミノクロウサギの母親。

アマミノクロウサギの出産は、生活巣穴とは別の繁殖用の巣穴で行う。この繁殖巣穴で、出産から約40日、子ウサギが巣外に出歩くようになるまで育てる。産子数は普通一子で、稀に二子が生まれる。授乳は2日に1回、深夜に行い、授乳が終わると繁殖巣穴に子ウサギだけ残し、入り口を丁寧に時間をかけて土で塞ぎ閉じる。母ウサギは授乳の度に土穴を開けて中に入り授乳を行うが、生後約20日くらいすると母ウサギは繁殖巣穴に入らず、入り口で授乳する。

授乳を終えたところ。

巣立ち

生後40日頃になると授乳を終えた後、繁殖巣穴の入り口は開けたままで母親は去る。巣立ち促しの行動と思われる。

いつもの授乳の時間に訪れた母親。だが子ウサギの姿はない。子ウサギは単独で行動を始めたのだ。

アマミノクロウサギの土穴での繁殖

子ウサギは、しばらくは繁殖巣穴を中心に活動し、範囲を徐々に広め、繁殖巣穴から親とは別の生活巣穴へと巣立ちする。

巣立ちが近くなると、父ウサギの姿が繁殖巣穴の周囲で見られる。

巣立ちしたばかりの繁殖巣穴の入り口。
大きさは横8×縦10cm。

アマミノクロウサギの暮らしぶり

糞塊

谷を覆う樹木。

滝のしぶき。

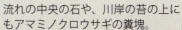

流れの中央の石や、川岸の苔の上にもアマミノクロウサギの糞塊。

脱糞する雄ウサギ

獣道の同一場所に現れ、脱糞するアマミノクロウサギ。縄張り内のマーキングも兼ねた行動と思われる。糞の丸いのは、腸が数珠の様な形になっているから。糞切れを良くし、無防備な時間を極力短縮し、すぐに逃げられるようにする。草食動物によく見られる特徴らしい。雄ウサギ。

樹の根元にマーキング

アマミノクロウサギの暮らしぶり

顎の下に臭腺という臭いのする液体を出す特殊な器官がある。縄張りを主張するときに、木の根元や岩の角、枯れ木などにこまめにマーキングする。雌ウサギ。

鳴き声発し

岩穴から出て辺りの様子を伺いながら、顎を上げてピシィー、ピシィーと鳴き声発し。

採食中に自分の場所を知らせるかのようにピシィー、ピシィーと鳴き声を発する。この鳴き声発し、交わしがアマミノクロウサギの特徴の一つ。

アマミノクロウサギの暮らしぶり

方向を変えて、顎を上げてピシィー、ピシィーと繰り返し鳴くアマミノクロウサギ。見えない相手に、行動を促しているようにも聞こえる。時に、雄ウサギ同士が対峙し鳴き合う姿には、お互い譲れない何かがあるのを感じさせる。

放尿

雌ウサギの後ろに行き、落ち葉の採食を始めた雄ウサギ。

アマミノクロウサギの暮らしぶり

近づいてきた雄ウサギに、すぐに反応して雄ウサギに向けて放尿する雌ウサギ。排尿とは違い、雄ウサギを意識しての放尿と思われる。

放尿

雄ウサギの顔面に放尿する雌ウサギ。尿意があっての排尿でなく雌の優位性を示すもので、独占したい相手に対しての行為と思われる。

繁殖行動

アマミノクロウサギの暮らしぶり

この時期（秋）は雄ウサギ（左）による
雌ウサギの後追い行動が多くなる。

生活巣穴前の親子

台風通過後、蘇鉄の葉が散らばり、かなりの強風が吹き荒れたと思われる。心配して生活巣穴を訪れた母ウサギ。右は繁殖巣穴から巣立ち6カ月になる子ウサギ。

繁殖巣穴から巣立ちして6カ月（生後約220日）経っても　乳ねだりする子ウサギ。この子ウサギの様子からして、時々授乳が行われていることが予想される。

アマミノクロウサギの暮らしぶり

母ウサギに甘える子ウサギ。

父ウサギも子ウサギを見守る。

生活巣穴前の親子

生活巣穴前に親子が揃う。子ウサギ(右)は、生後約1年。

採食中のクロウサギの上をかすめて飛ぶコウモリ。

アマミノクロウサギの暮らしぶり

この岩場全体で、生活巣穴にしている岩穴は数カ所あり、アマミノクロウサギの他、ネズミ、ハブ、コウモリ等も利用している。活動開始時刻がクロウサギと一緒になったコウモリが、日暮れの岩穴の出入口を出たり入ったり繰り返した後、採食に飛び去った。

蘇鉄林

蘇鉄林のアマミノクロウサギ。

クロウサギの番。手前の雌ウサギが雄ウサギに放尿。

海岸に面した斜面に、蘇鉄の実が赤々と実る。この実は一見美味しそうに見えるが、クロウサギの食料にはならない。

アマミノクロウサギの暮らしぶり

蘇鉄の幹で餌を待つ毒蛇ハブ。斜面を登るときには気づかず、下るときに発見し、慌てた。少し離れて見ていると、わずかに首を動かすが、移動する気配はない。昼間の小さいハブ。

ソテツ（蘇鉄）[ソテツ科]
主に海岸近くの岩場などに生育。雌雄異株。常緑低木。種子は成熟すると朱色に色づく。幹、種子共に食用となるが、毒を抜く正しい加工処理が必要。

ハブ[クサリヘビ科]
日本固有種。奄美諸島や沖縄本島周辺の島に分布する。大きさは、100〜200cm。毒蛇。食性は、主にネズミなど小型の哺乳類、両生類、爬虫類などの動物食。

アマミノクロウサギとハブ

雄ウサギの採食中、真横に現れたハブ。しばらく対峙するものの、お互いに身構えることもなくハブは去り、クロウサギはその場で食べ続けた。それぞれの生き物たちが棲み分け、共存する。

アマミノクロウサギの暮らしぶり

岩場を棲み家とする小動物も多いので、それらを餌とするハブも現れる。ハブの採食は、待ち伏せがほとんどで、獲物を追いかけて行くことは少ない。ハブから見ると、クロウサギは食べるには大きすぎる動物。ハブは、ここでも身構えることもなく、右に去っていった。

朝帰り

朝日を浴びて生活巣穴に戻ってきた雄ウサギ。いつもは夜明け前に戻り休息するのだが、この日はどこかで道草を食って遅くなったようだ。雄ウサギの見つめる先には外来種のクマネズミ。

アマミノクロウサギの暮らしぶり

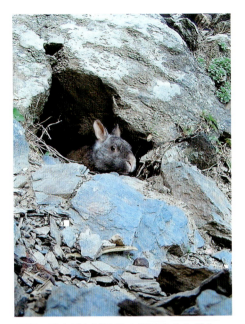

昼間、岩穴がかげり外の様子をうかがう雌ウサギ。

日没までは時間があり、巣外に出るにはまだ早い。それでもお腹が空いて何か食べたいと身を乗り出しモグモグする雌ウサギ。

アマミノクロウサギの番(つがい)

番でも生活巣穴は別々のときが多い。通常は日没ごろから活動を始めるのだが、雌ウサギの行動が気になる雄ウサギは、雌ウサギの巣穴近くで出てくるのを待つ。右が雄ウサギ。

雄ウサギ(左)による雌ウサギの後追いも、よく見られる。

雄ウサギ。

アマミノクロウサギの暮らしぶり

岩場を駆ける雄ウサギの下から、わずかに頭を出したハブ。
寒い 12 月半ばでもハブの行動が見られる。

右の雌ウサギに近づきすぎて、ご機嫌を損なった。

アマミノクロウサギとルリカケス

アマミノクロウサギの生活巣穴前に現れたルリカケス。島の固有種同士の出会い。クロウサギの昼間の行動は生活巣穴の近くに限られるが、好奇心旺盛なルリカケスは、クロウサギの採食中におこぼれはないかと早速やって来た。

ルリカケスの番(つがい)。

アマミノクロウサギの暮らしぶり

クロウサギは、外敵に対し追い払う手段を持たない。じ〜っと相手を睨み、鼻を突き出しクンクンの動作をするが、相手が引かなければ自分が引き下がる。

クロウサギの後ろから覗き見。

落石

岩穴など利用する動物にとって最も危険な自然災害が、がけ崩れである。台風の強風や大雨はそれなりに前触れがあるが、落石の場合は予想出来ない。クロウサギも小石が転がってきただけで俊敏な反応をする。

アマミノクロウサギの暮らしぶり

生活巣穴前の落石を前にする番(つがい)のアマミノクロウサギ。辺りを用心しながら臭いを嗅ぎ、自分の臭い付けをする。

雌ウサギ、蘇鉄の根をかじり味見?

番のアマミノクロウサギが、蘇鉄の実の着いた柄の部分をかじるが、それ程好んで食べている様子ではない。クロウサギの届く高さに実を着けた蘇鉄が珍しいのかもしれない。

アマミノクロウサギの暮らしぶり

アマミノクロウサギの生息地から見下ろすと、赤い実を着けた蘇鉄が急峻な海岸斜面に、風雨に耐えて立つ。島嶼の自然環境の厳しさの一端が感じられる。

■ 参考文献

『クロウサギの棲む島―奄美の森の動物たち』鈴木　博、1985。

『水が育む島　奄美大島』常田　守、2001。

『奄美の絶滅危惧植物』山下　弘、2006。

『琉球弧　野山の花』片野田逸郎、1999。

『鹿児島環境学１』鹿児島大学　鹿児島環境学研究会、2009。

『琉球列島の自然講座―サンゴ礁・島の生き物たち・自然環境』琉球大学理学部、2016。

『ウサギ学―隠れることと逃げることの生物学』山田文雄、2017。

■ 著者紹介

勝　廣光（かつ・ひろみつ）

1947年、奄美大島笠利町に生まれ。高校卒業後上京し、写真関係の仕事に従事。1984年、奄美大島に帰島。島嶼ならではの動植物の撮影に取り組む。
著書に『奄美の稀少生物ガイド1』（南方新社、2007）、『奄美の稀少生物ガイド2』（南方新社、2008）。

島嶼の自然条件の厳しい中で独自に進化し、生きながらえている動植物の姿の素晴らしさに、カメラを向け続けて長年過ぎた。
記録の方法も桁違いに多くなり、いかなるシャッターチャンスも逃すまいと気合い入れるものの、手にするのは軽いカメラの昨今。
イタジイの堅果・椎の実が、北風そよぐたび落葉に落下し、バチバチと跳ねる音に、島の秋を感じる。夜になるとアマミノクロウサギがやって来て食べるだろう。椎の実をかじる音を想像しながら、自然観察は尽きない。

〒894-0506　鹿児島県奄美市笠利町手花部311
h-katsu@jasmine.ocn.ne.jp
奄美自然環境研究会会員。

写真でつづる　アマミノクロウサギの暮らしぶり

発行日　2019年3月1日 第1刷発行

著　者　勝 廣光

発行者　向原祥隆

発行所　株式会社　南方新社
　　　　〒892-0873　鹿児島市下田町292-1
　　　　電話　099-248-5455
　　　　振替　02070-3-27929
　　　　URL　http://www.nanpou.com/
　　　　e-mail　info@nanpou.com

装　丁　オーガニックデザイン

印刷・製本　イースト朝日

定価はカバーに表示しています。
乱丁・落丁はお取り替えします。
ISBN978-4-86124-392-9 C0045
©Katsu Hiromitsu 2019, Printed in Japan
（無断転載禁止）

奄美の稀少生物ガイドⅠ
――植物、哺乳類、節足動物ほか――
◎勝　廣光
定価（本体1,800円＋税）

奄美の深い森には絶滅危惧植物が人知れず花を咲かせ、アマミノクロウサギが棲んでいる。干潟には、亜熱帯のカニ達が生を謳歌する。本書は、奄美の希少生物全79種、特にクロウサギの四季の暮らしを紹介する。

奄美の稀少生物ガイドⅡ
――鳥類、爬虫類、両生類ほか――
◎勝　廣光
定価（本体1,800円＋税）

深い森から特徴のある鳴き声を響かせるリュウキュウアカショウビン、地表を這う猛毒を持つハブ、渓流沿いに佇むイシカワガエル……。貴重な生態写真で、奄美の稀少生物全74種を紹介する。

奄美の絶滅危惧植物
◎山下　弘
定価（本体1,905円＋税）

世界中で奄美の山中に数株しか発見されていないアマミアワゴケ他、貴重で希少な植物たちが見せる、はかなくも可憐な姿。アマミスミレ、アマミアワゴケ、ヒメミヤマコナスビ、アマミセイシカ、ナゴランほか全150種。

琉球弧・野山の花
◎片野田逸朗
定価（本体2,900円＋税）

世界自然遺産候補の島、奄美・沖縄。亜熱帯気候の島々は、植物も本土とは大きく異なっている。植物愛好家にとっては宝物のようなカラー植物図鑑が誕生。555種類の写真の一枚一枚が、琉球弧の自然へと誘う。

貝の図鑑
採集と標本の作り方
◎行田義三著
定価（本体2,600円＋税）

本土から琉球弧に至る海、川、陸の貝、1049種を網羅。採集のしかた、標本の作り方のほか、よく似た貝の見分け方を丁寧に解説する。待望の「貝の図鑑決定版」。この一冊で水辺がもっと楽しくなる。

増補改訂版　昆虫の図鑑
採集と標本の作り方
◎福田晴夫他著
定価（本体3,500円＋税）

大人気の昆虫図鑑が大幅にボリュームアップ。九州・沖縄の身近な昆虫2542種。旧版より445種増えた。注目種を全種掲載のほか採集と標本の作り方も丁寧に解説。昆虫少年から研究者まで一生使えると大評判の一冊！

南の海の生き物さがし
◎宇都宮英之
定価（本体2,600円＋税）

亜熱帯の海の宝石たち、全503種。魚、貝、海草、ナマコ、ウミウシ、サンゴ、エビ、カニ……。浅瀬の磯遊びから、ちょっと深場のダイビングで見かける生き物たちまで。南の海の楽園を写真とエッセーで綴る。

大浦湾の生きものたち
――琉球弧・生物多様性の重要地点、沖縄島大浦湾――
◎ダイビングチームすなっくスナフキン編
定価（本体2,000円＋税）

辺野古の海の生きもの655種を、850枚の写真で紹介する。米軍基地建設は、この生きものたちの楽園を壊滅させる。日本生態学会（会員4000人）他19学会が防衛大臣に提出した、基地建設の見直しを求める要望書も全文収録した。

ご注文は、お近くの書店か直接南方新社まで（送料無料）。
書店にご注文の際は必ず「地方小出版流通センター扱い」とご指定ください。